essentials

essentials liefern aktuelles Wissen in konzentrierter Form. Die Essenz dessen, worauf es als „State-of-the-Art" in der gegenwärtigen Fachdiskussion oder in der Praxis ankommt. *essentials* informieren schnell, unkompliziert und verständlich

- als Einführung in ein aktuelles Thema aus Ihrem Fachgebiet
- als Einstieg in ein für Sie noch unbekanntes Themenfeld
- als Einblick, um zum Thema mitreden zu können

Die Bücher in elektronischer und gedruckter Form bringen das Expertenwissen von Springer-Fachautoren kompakt zur Darstellung. Sie sind besonders für die Nutzung als eBook auf Tablet-PCs, eBook-Readern und Smartphones geeignet. *essentials:* Wissensbausteine aus den Wirtschafts-, Sozial- und Geisteswissenschaften, aus Technik und Naturwissenschaften sowie aus Medizin, Psychologie und Gesundheitsberufen. Von renommierten Autoren aller Springer-Verlagsmarken.

Weitere Bände in dieser Reihe http://www.springer.com/series/13088

Heinz Herwig

Turbulente Strömungen

Einführung in die Physik eines Jahrhundertproblems

Prof. Dr.-Ing. Heinz Herwig
Hamburg, Deutschland

ISSN 2197-6708   ISSN 2197-6716   (electronic)
essentials
ISBN 978-3-658-18843-6   ISBN 978-3-658-18844-3   (eBook)
DOI 10.1007/978-3-658-18844-3

Die Deutsche Nationalbibliothek verzeichnet diese Publikation in der Deutschen Nationalbibliografie; detaillierte bibliografische Daten sind im Internet über http://dnb.d-nb.de abrufbar.

Springer Vieweg
© Springer Fachmedien Wiesbaden GmbH 2017

Gedruckt auf säurefreiem und chlorfrei gebleichtem Papier

Springer Vieweg ist Teil von Springer Nature
Die eingetragene Gesellschaft ist Springer Fachmedien Wiesbaden GmbH
Die Anschrift der Gesellschaft ist: Abraham-Lincoln-Str. 46, 65189 Wiesbaden, Germany

Was Sie in diesem *essential* finden können

- Strömungen viskoser Fluide können auf „wohlgeordneten" Bahnen als laminare Strömungen vorliegen oder als turbulente Strömungen von irregulären Schwankungen überlagert sein.
- Strömungen werden zu turbulenten Strömungen, wenn Störungen nicht mehr gedämpft werden können, sondern in der Strömung mit der Zeit anwachsen. Dies ist der Fall, wenn die Reynolds-Zahl zur Charakterisierung der Strömung ihren sog. kritischen Wert erreicht bzw. überschreitet.
- Bei der Umströmung von Körpern liegen bei hinreichend hohen Reynolds-Zahlen stark turbulente Gebiete nur in den Grenzschichten nahe der Körperoberfläche und im sog. Nachlauf vor.
- Bei der Durchströmung von Rohren und Kanälen kommt es bei hinreichend großen Reynolds-Zahlen zu turbulenten Strömungen. Weit entfernt vom Eintrittsquerschnitt liegen dann im gesamten Strömungsgebiet turbulente Strömungen vor.
- Turbulente Strömungen können heutzutage in allen Details berechnet werden, für technische Fragestellungen müssen aber weiterhin Näherungslösungen für die zeitgemittelten Größen mithilfe einer Turbulenzmodellierung gefunden werden.

Vorwort

Werner Heisenberg (Nobelpreis für Physik (1932)) wird folgendes Bonmot zugeschrieben. Als er sagen sollte, was er Gott fragen würde, wenn ihm die Gelegenheit dazu gegeben würde, meinte er: „Ich würde ihm zwei Fragen stellen: Warum Relativität? Und warum Turbulenz? Ich bin sicher, Gott wird eine Antwort auf die erste Frage haben."

Dies zeigt, dass die Charakterisierung von turbulenten Strömungen als Jahrhundertproblem im Untertitel dieses *essentials* vielleicht noch untertrieben ist …

Trotzdem: Turbulenz bestimmt viele Facetten unseres Lebens und sollte deshalb in ihren Grundzügen verstanden werden. Dazu will dieser *essential*-Band beitragen.

Ein herzliches Dankeschön geht an Dr. Andreas Moschallski und Herrn Thomas Zipsner für ihre hilfreichen Kommentare und Anmerkungen.

Hamburg   Heinz Herwig
Sommer 2017

Inhaltsverzeichnis

Einleitung: Turbulenz, ein allgegenwärtiges Phänomen

Turbulenz ist in diesem *essential* nicht als eigenständiges Phänomen gemeint, sondern tritt im Zusammenhang mit Strömungen von gasförmigen oder flüssigen Medien auf. Diese Strömungen können turbulente Strömungen sein, um deren Charakter und um deren Eigenschaften es im Weiteren gehen wird.

Solche turbulenten Strömungen treten in sehr vielen Situationen auf und führen aufgrund ihres turbulenten Charakters (was dies genau ist wird anschließend behandelt) zu Effekten, die wir häufig nicht weiter hinterfragen. Drei Beispiele dafür sind:

- Man möchte den Kaffee mit etwas Milch trinken und füllt deshalb in den heißen Kaffee die gewünschte Menge. Wenn man es dabei belässt, dauert es sehr lange, bis die Milch gleichmäßig in dem (inzwischen kalten) Kaffee verteilt ist. Wenn man aber einen Kaffeelöffel zur Hilfe nimmt und Kaffee und Milch vermischt, ist es eine Frage von Sekunden und der gleichmäßig helle (und heiße) Kaffee kann getrunken werden, dank der extrem starken turbulenten Durchmischung.
- Der hohe Auftrieb an den Tragflächen von Verkehrsflugzeugen gestattet es, ein über einhundert Tonnen schweres Flugzeug schnell auf die Reisehöhe von ca. 10 km steigen zu lassen, dank der turbulenten Strömung in der Umgebung der Tragflächen (in den sog. Wandgrenzschichten). Um eine solche turbulente Strömung sicherzustellen, sieht man häufig auf der Flügeloberseite im hinteren Bereich kleine aufgesetzte Reihen von senkrecht stehenden Metallblättchen, sog. Turbulenzerzeugern.
- Regelmäßig kommt bei Flügen die Durchsage: „Der Flugkapitän hat die Anschnallzeichen eingeschaltet, weil wir mit Turbulenzen rechnen …" Wenn selbst ein Flugzeug wie der A380 erheblich in Bewegung geraten kann, muss

© Springer Fachmedien Wiesbaden GmbH 2017
H. Herwig, *Turbulente Strömungen*, essentials,
DOI 10.1007/978-3-658-18844-3_1

es schon heftige turbulente Luftbewegungen geben, die auch als clear air turbulence (CAT) bezeichnet werden. Auch die zum Glück seltene Situation, dass ein Flugzeug „in einem Luftloch" mehrere hundert Meter nach unten fällt, ist in Wahrheit der turbulenten Strömung mit einer extrem starken nach unten gerichteten Geschwindigkeitskomponente geschuldet.

Dies sind nur drei Beispiele, in denen turbulente Strömungen vorkommen. Die folgenden Ausführungen werden zeigen, dass turbulente Strömungen in Natur, Technik und im Alltag die Regel sind und nicht etwa die Ausnahme. Nicht zuletzt ist dies einer der Gründe, warum man sich mit der Physik turbulenter Strömungen befassen sollte. Dies soll anhand mehrerer Fragen geschehen, die von „Was ist eine turbulente Strömung?" bis zu „Wie kann man sie theoretisch beschreiben?" reichen.

Was ist eine turbulente Strömung? **2**

Drei Aspekte charakterisieren eine turbulente Strömung, ohne dass dies aber schon eine vollständige Definition wäre:

1. Turbulente Strömungen weisen weitgehend nicht vorhersagbare Schwankungen der Geschwindigkeit auf. Diese Schwankungen erfolgen um einen zeitlichen Mittelwert, wie dies in Abb. 2.1 skizziert ist. Für eine Geschwindigkeitskomponente $u(\vec{x}, t)$ gilt damit:

$$u(\vec{x}, t) = \bar{u}(\vec{x}) + u'(\vec{x}, t) \tag{2.1}$$

   mit $\bar{u}$ als zeitlichem Mittelwert an einer Stelle $\vec{x}$ und u' als Wert der momentanen Abweichung (Geschwindigkeitsschwankung).
2. Turbulente Strömungen sind bzgl. der Schwankungsbewegung stets dreidimensional, d. h., Geschwindigkeitsschwankungen treten in allen drei (kartesische) Raumrichtungen auf. Für einen Geschwindigkeitsvektor (u, v, w) gilt.

$$(u, v, w) = \left(\bar{u}, \bar{v}, \bar{w}\right) + \left(u', v', w'\right) \tag{2.2}$$

   Es können im zeitlichen Mittel zweidimensionale Strömungen $\left(\bar{w} = 0\right)$ oder auch eindimensionale Strömungen $\left(\bar{w} = 0, \bar{v} = 0\right)$ auftreten, bzgl. der Schwankungen sind aber stets alle drei Komponenten u', v' und w' vorhanden.
3. Turbulente Strömungen sind Kontinuumsströmungen, d. h. die Geschwindigkeitsschwankungen sind nicht etwa Schwankungsbewegungen einzelner Moleküle, sondern solche von zusammenhängen Fluidbereichen.
   Eine weitergehende Charakterisierung, die bereits Hinweise auf die Physik turbulenter Geschwindigkeitsfelder gibt, kann durch folgende vier weitere Eigenschaften der turbulenten Geschwindigkeitsfelder erfolgen.

© Springer Fachmedien Wiesbaden GmbH 2017
H. Herwig, *Turbulente Strömungen*, essentials,
DOI 10.1007/978-3-658-18844-3_2

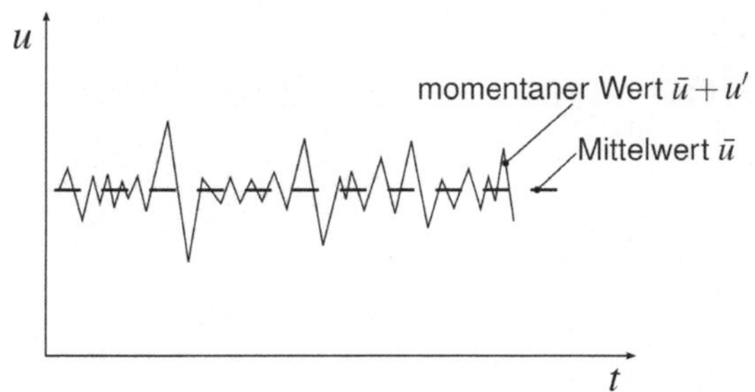

Abb. 2.1 Typisches zeitliches Verhalten einer turbulenten Geschwindigkeitskomponente u

4. Geschwindigkeitsschwankungen an benachbarten Orten und zu kurz aufeinander folgenden Zeiten sind nicht vollständig unabhängig voneinander, sondern sind auf bestimmte Weise miteinander korreliert. Die Stärke der Korrelation nimmt mit steigendem Abstand und größeren Zeitdifferenzen ab.
5. Das instationäre Feld der Geschwindigkeitsschwankungen besitzt ein kontinuierliches, aber in beide Richtungen begrenztes Spektrum von Längen- und Zeitskalen.
6. Die Schwankungsgeschwindigkeiten sind mit kinetischer Energie verbunden. Diese ist ungleichmäßig auf die verschiedenen Frequenzen des endlichen Frequenzbandes verteilt, in dem die Schwankungsgeschwindigkeiten auftreten. Hohe Werte der kinetischen Energie liegen bei niedrigen Frequenzen vor, niedrige bei den hohen Frequenzwerten. Damit entsteht ein typischer Verlauf des sog. Energiespektrums der turbulenten Schwankungsbewegungen, mit dessen Hilfe eine genauere Vorstellung von der Physik turbulenter Strömungen entwickelt werden kann, s. dazu das spätere Kap. 5.
7. Bisher sind nur Geschwindigkeitsschwankungen betrachtet worden. Weil aber in einem Strömungsfeld eine Kopplung zwischen den Geschwindigkeiten und dem Druck sowie der Temperatur vorliegt (die in den Grundgleichungen der Strömungsmechanik mathematisch beschrieben wird), kommt es auch bzgl. der beiden skalaren Größen Druck und Temperatur zu entsprechenden Schwankungsgrößen $\left(p = \bar{p} + p',\ T = \bar{T} + T'\right)$. Für die Temperatur gilt dies allerdings nur, wenn eine nicht-isotherme Situation vorliegt, d. h. wenn nicht im gesamten Strömungsfeld eine einheitliche Temperatur herrscht.

Zusätzlich unterliegen alle Stoffwerte, die für eine bestimmte Strömung von Bedeutung sind (wie die Dichte und die Viskosität) dann analogen Schwankungen, wenn deren Druck- und/oder Temperaturabhängigkeiten berücksichtigt werden.

Wann und wo sind Strömungen turbulent?

3

Im vorigen Kapitel sind turbulente Strömungen bzgl. einiger ihrer spezifischen Merkmale beschrieben worden. Daran schließt sich logisch die Frage an, welchen Charakter Strömungen oder Teile von Strömungen besitzen, die diese Merkmale *nicht* zeigen. Diese Frage ist nicht so einfach zu beantworten, wie es vielleicht im ersten Moment zu erwarten ist. Sie sollte getrennt nach Umströmungen (typisches Beispiel: Strömung um einen Tragflügel) und Durchströmungen (typisches Beispiel: Strömung durch ein Rohr) beantwortet werden.

3.1 Umströmungen

In Abb. 3.1 ist die Strömung um einen Flugzeug-Tragflügel gezeigt, deren prinzipieller Verlauf durch einige eingezeichnete Stromlinien erkennbar gemacht worden ist. Zusätzlich ist durch eine gestrichelte Linie im Strömungsfeld das Gebiet im Strömungsfeld markiert, in dem Reibungseffekte einen bedeutenden (d. h. nicht in guter Näherung vernachlässigbaren) Einfluss besitzen. Dieses Gebiet wird im Bereich des Tragflügels *Grenzschicht* genannt, stromabwärts davon spricht man von einem *Nachlauf*. Nur in diesen Gebieten reibungsbehafteter Strömung kann eine turbulente Strömung auftreten, die in Abb. 3.1 durch eine hellgraue Hinterlegung markiert ist. In der Nähe der Vorderkante (aber im Gebiet der Grenzschicht) ist die Strömung *laminar*. Eine solche laminare Strömung zeigt keinerlei Schwankungsbewegungen, was durch das lateinische Ursprungswort (lamina $\triangleq$ Schicht) im Sinne einer „gleichmäßigen Schichtenströmung" zum Ausdruck kommen soll.

Außerhalb der Grenzschichten ist eine Charakterisierung als laminar oder turbulent nicht sinnvoll, da dort physikalisch eine (weitgehend) reibungsfreie Strömung vorliegt.

© Springer Fachmedien Wiesbaden GmbH 2017
H. Herwig, *Turbulente Strömungen*, essentials,
DOI 10.1007/978-3-658-18844-3_3

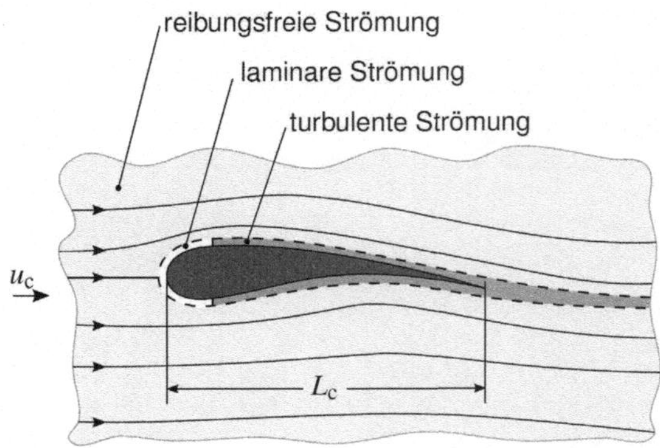

Abb. 3.1 Charakterisierung einzelner Teilbereiche in einem Strömungsfeld, hier um einen Flugzeug-Tragflügel. u_c: charakteristische Geschwindigkeit (Anströmung) L_C: charakteristische Länge

Grundsätzlich kann deshalb ein Strömungsgebiet folgende Eigenschaften besitzen bzw. können in einem Strömungsfeld Teilbereiche mit folgenden Eigenschaften identifiziert werden:

- reibungsfrei
- reibungsbehaftet, laminar
- reibungsbehaftet, turbulent.

Wenn also im Zusammenhang mit einer Tragflügel-Umströmung von einer turbulenten Strömung gesprochen wird, ist zu beachten, dass Turbulenz nur in einem extrem kleinen Teilbereich des Strömungsfeldes auftritt, wie Abb. 3.1 zeigt. Hinzu kommt, dass die Dicke der Grenzschichten in der Abbildung stark übertrieben dargestellt ist, um sie überhaupt erkennbar darzustellen. In Wirklichkeit sind sie so dünn, dass sie in Abb. 3.1 in der Strichstärke der Zeichnung aufgehen würden! Daraus ergibt sich zwanglos, dass man offensichtlich „sehr genau hinschauen muss", um die in der Tat starke Wirkung der Turbulenz auf die globalen Größen wie *Widerstand* und *Auftrieb* an einem solchen Tragflügel verstehen zu können! Dies ist Aufgabe und Inhalt der sog. Grenzschichtentheorie, s. dazu z. B. Schlichting und Gersten (2006) oder Gersten und Herwig (1992).

In der Kapitelüberschrift ist nach „wann und wo" für turbulente Strömungen gefragt worden. Die bisherigen Überlegungen galten dem „wo". Es bleibt also zu klären, „wann" eine Strömung turbulent sein (oder werden) kann. Die Antwort auf diese Frage lässt sich am besten mithilfe der sog. *Reynolds-Zahl* geben, die als dimensionslose Kennzahl ein Strömungsfeld bzgl. seines Strömungscharakters einordnet. Die Definition lautet

$$\mathrm{Re} = \frac{u_c}{\nu/L_c} \qquad (3.1)$$

mit u_c und L_c als charakteristischer Geschwindigkeit bzw. Länge in einem Strömungsproblem, sowie ν als kinematischer Viskosität des beteiligten Fluides. Eine sinnvolle Interpretation der Reynolds-Zahl ergibt sich, wenn Re als Verhältnis zweier Geschwindigkeiten interpretiert wird. Diese sind:

1. u_c: typische (charakteristische) Strömungsgeschwindigkeit
2. ν/L_c: „Diffusionsgeschwindigkeit", d. h. eine typische Geschwindigkeit, mit der sich Reibungseffekte in einem Fluid ausbreiten.

Strömungen mit sehr kleinen Werten von Re (also relativ großen „Diffusionsgeschwindigkeiten") sind damit im gesamten Strömungsfeld reibungsbehaftet. Dagegen werden bei relativ großen Strömungsgeschwindigkeiten, d. h. großen Reynolds-Zahlen, nur schmale, grenzschichtartige Gebiete von Reibungseffekten erfasst, wie dies in Abb. 3.1 der Fall ist. In diesen dünnen Schichten kommt es zu hohen Geschwindigkeitsgradienten und damit zu hohen Scherraten bzw. Schubspannungen.

Es zeigt sich, dass solche hohen Scherraten notwendige Voraussetzungen für das Auftreten von Turbulenz in einer Strömung sind. Im Sinne einer hinreichenden Voraussetzung müsste man eine sehr präzise Aussage über die lokalen Verhältnisse in einem Strömungsfeld treffen können. Dies ist im Allgemeinen nicht möglich, sodass man stattdessen einen Grenzwert des pauschalen Parameters Re in Bezug auf die jeweilige Strömung ermittelt. Oberhalb des dann *kritische Reynolds-Zahl* $\mathrm{Re}_{\mathrm{krit}}$ genannten Parameters kommt es zu turbulenten Strömungen. Da verschiedenartige Strömungen mit dem formal gleichen Zahlenwert von Re im Detail sehr unterschiedlich sind, sollte es auch nicht verwundern, dass die Zahlenwerte $\mathrm{Re}_{\mathrm{krit}}$ „artspezifisch" sind und für verschiedenartige Strömungen sehr unterschiedliche Zahlenwerte aufweisen können. Für eine Wandgrenzschicht (abhängig von weiteren Parametern) gilt z. B. $\mathrm{Re}_{\mathrm{krit}} = 5 \cdot 10^5 \div 2 \cdot 10^6$.

Mit diesen Überlegungen kann jetzt die Frage nach dem „wann und wo" von Turbulenz in einem Strömungsfeld um einen Körper wie folgt beantwortet werden:

Turbulenz tritt in einem Strömungsfeld bei der Umströmung dort auf, wo entsprechend starke Reibungseffekte wirken, wenn die Strömung eine Reynolds-Zahl Re $> \mathrm{Re}_{\mathrm{krit}}$ besitzt.

3.2   Durchströmungen

Der entscheidende Unterschied im Vergleich zwischen den bisher behandelten Umströmungen und den jetzt zu analysierenden Durchströmungen besteht in der Begrenzung des Strömungsfeldes. Während Umströmungen einseitig durch eine Wand begrenzt sind und der beteiligte Fluidstrom prinzipiell unendlich groß ist, liegt bei Durchströmungen eine allseitige Begrenzung vor, die nur einen endlichen Fluidstrom zulässt.

Abb. 3.2 zeigt als typisches Beispiel für eine Durchströmung eine Strömung durch ein Rohr. In der Nähe des Rohreintritts liegt zunächst eine Situation wie bei Umströmungen vor: Eine weitgehend reibungsfreie Strömung wird zur Wand hin von einer zunächst laminaren Grenzschicht begrenzt. Im Bild sind zwei entscheidende Eigenschaften dieser Wandgrenzschichten angedeutet: Sie kann (bei hinreichend großer Geschwindigkeit u_c) ein Stück entfernt vom Eintritt in die turbulente Strömungsform umschlagen und sie wächst in Strömungsrichtung an, engt also mehr und mehr den Bereich der reibungsfreien Strömung ein.

Hinreichend weit stromabwärts sind die gegenüberliegenden Grenzschichtbereiche „zusammengewachsen", sodass dann der gesamte Rohrquerschnitt von einer turbulenten Strömung ausgefüllt ist. Wenn, wie hier beim Rohr, keine Veränderung der Querschnittsgeometrie in Strömungsrichtung auftritt, wird letztlich ein sog. *vollausgebildeter Strömungszustand* erreicht, bei dem die Geschwindigkeitsprofile keine Veränderung mehr erfahren, wie dies in Abb. 3.2 angedeutet ist.

Die Frage nach dem „wann und wo" von Turbulenz bei Durchströmungen beantwortet sich wie folgt: Turbulenz tritt bei Durchströmungen hinreichend weit

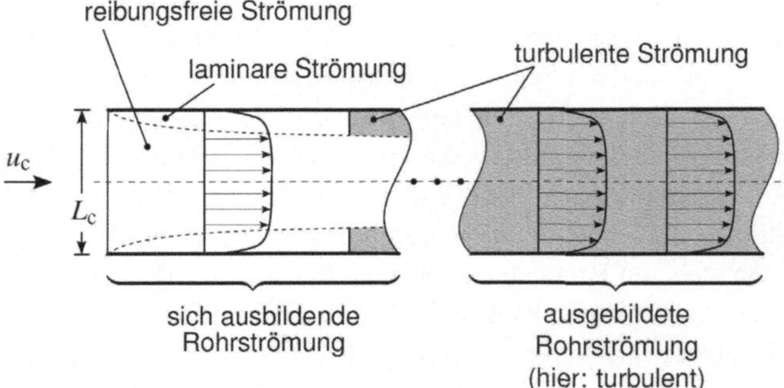

Abb. 3.2 Charakterisierung einzelner Teilbereiche in einem Strömungsfeld, hier in einem Rohr u_c: charakteristische Geschwindigkeit (hier die Anströmung) L_C: charakteristische Länge (hier der Rohrdurchmesser)

stromabwärts im gesamten Strömungsgebiet auf, wenn die Strömung eine Reynolds-Zahl Re > Re$_{\text{krit}}$ besitzt.

Diese kritische Reynolds-Zahl ist bei kreisförmigen Rohrquerschnitten Re$_{\text{krit}}$ = 2300. Für andere Querschnittsformen gelten andere Zahlenwerte, was wiederum Ausdruck davon ist, dass eine „globale" kritische Reynolds-Zahl von den lokalen Strömungsverhältnissen abhängt.

3.3 Weder, noch: Innenraumströmungen

Abb. 3.3 zeigt ein Strömungsfeld, das als Innenraumströmung bezeichnet werden kann und Merkmale sowohl der Umströmung als auch der Durchströmung aufweist. Im Bereich der Zuströmung liegt ein Grenzschichtcharakter vor, der typisch für Umströmungen ist, gleichzeitig kann aber im Zentrum des Innenraumes nicht von einer vollständig reibungsfreien Strömung ausgegangen werden. Da dieser Teil des Strömungsgebietes aber nicht durch ein „Zusammenwachsen von Wandgrenzschichten" entsteht, kann ihm auch nicht eindeutig ein turbulenter Charakter zugeschrieben werden.

Es bleibt deshalb im Einzelfall zu prüfen, welche Rolle die Turbulenz bei solchen Innenraumströmungen spielt. Es gibt viele Beispiele dafür, dass eine theoretische (numerische) Vorhersage in Bezug auf solche Strömungen erheblich von experimentell erhobenen Daten abweicht, was Ausdruck der Problematik des „weder, noch" ist. Formal kann auch für solche Strömungen eine Reynolds-Zahl gemäß (3.1) gebildet werden. Wegen der zuvor beschriebenen Zusammenhänge ist die Definition einer kritischen Reynolds-Zahl für Innenraumströmungen aber durchaus problematisch.

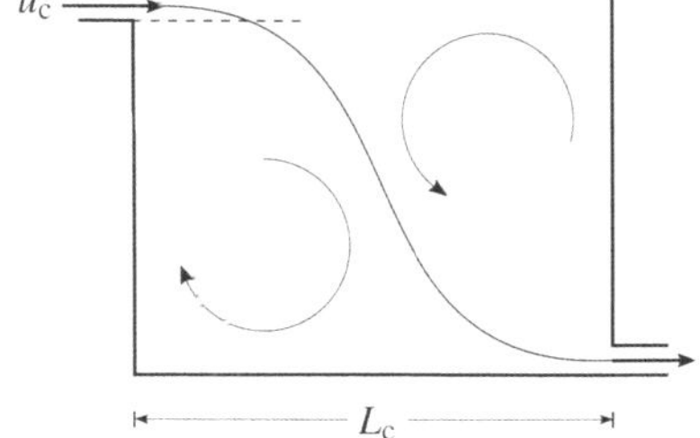

Abb. 3.3 Typisches Beispiel einer Innenraumströmung u_c: charakteristische Geschwindigkeit L_c: charakteristische Länge

Warum sind Strömungen turbulent? 4

Wenn es darum geht, Turbulenz zu verstehen, ist die vielleicht nahe liegendste Frage die nach dem „Warum". Die Antwort auf diese Frage ist pauschal relativ einfach gegeben. Bestimmte Strömungen sind turbulent, weil ihre „Vorform" instabil gegenüber Störungen war. Diese Formulierung hebt darauf ab, dass turbulente Strömungen als solche entstehen, weil jede Strömung letztendlich aus einem Ruhezustand heraus, der keinerlei Turbulenz aufweist, zustande kommt. Es muss also einen Mechanismus geben, der Turbulenz in einer Strömung entstehen lässt.

Diese Überlegungen zeigen bereits, dass es eine Mindest-Reynolds-Zahl geben muss, ab der Turbulenz möglich ist, weil vom Ruhezustand ($u_c = 0$) mit (Re $= 0$) ausgehend die Reynolds-Zahl mit steigender Strömungsgeschwindigkeit kontinuierlich ansteigt. Die bereits eingeführte kritische Reynolds-Zahl einer Strömung ist somit unmittelbar mit der „Antwort" einer Strömung auf stets vorhandene (u. U. minimale) Störungen verbunden.

Wenn die Entstehung von Turbulenz in diesem Sinne genauer verstanden werden soll, ist eine genaue Analyse des Verhaltens einer zunächst nicht turbulenten Strömung in Bezug auf Störungen unterschiedlicher Frequenz und Amplitude erforderlich. Dies ist Gegenstand mehrerer aufeinander aufbauender Überlegungen, die mit der sog. *linearen Stabilitätstheorie* beginnen. Dabei wird untersucht, wann eine Strömung eine Störung mit einer bestimmten Frequenz aber zunächst beliebig kleinen Amplituden dämpft und wann dies nicht mehr der Fall ist. Werden bestimmte Störungen nicht mehr gedämpft, so können sie anwachsen und in einem komplizierten Prozess gegenseitiger nichtlinearer Interaktion letztlich ein „gesättigtes Störungsverhalten" erreichen, die voll turbulente Strömung.

Die theoretische Beschreibung dieses Vorganges der sog. *Transition* (zu einer turbulenten Strömung) ist höchst anspruchsvoll und insbesondere, was die Endphase des Transitionsprozesses betrifft, auch bis heute noch nicht abschließend

© Springer Fachmedien Wiesbaden GmbH 2017   11
H. Herwig, *Turbulente Strömungen*, essentials,
DOI 10.1007/978-3-658-18844-3_4

gelungen. Wäre dies der Fall, würden wir Turbulenz „verstehen" – s. dazu das Heisenberg-Bonmot im Vorwort zu diesem *essential*.

Es bleibt also festzuhalten: Strömungen sind turbulent, weil sie im Zuge ihrer Entstehung einen Transitionsprozess durchlaufen haben, mit dem die Strömung auf Störungen reagiert hat, die sie nicht mehr dämpfen konnte.

Wie können turbulente Strömungen theoretisch beschrieben werden? 5

Ein wesentliches Anliegen der Strömungsmechanik ist es, Strömungen modellieren und damit vorausberechnen zu können. Es dürfte nicht verwundern, dass dies im Falle turbulenter Strömungen ein äußerst komplexes Unterfangen ist, das aber je nach Anspruch in Bezug auf die Qualität der Voraussagen auch mit „praxistauglichen" Näherungslösungen bewältigt werden kann. Im Folgenden soll kurz skizziert werden, wie neben einer extrem aufwendigen exakten Lösung der zugrunde liegenden Gleichungen auch mit vertretbarem Aufwand Näherungslösungen für turbulente Strömungsprobleme gefunden werden können. Dafür werden zunächst die Grundgleichungen eingeführt und einige Modellvorstellungen zur Turbulenz beschrieben, aus denen sich die sog. *Turbulenzmodelle* ergeben.

5.1 Grundgleichungen (Navier-Stokes-Gleichungen)

Auch wenn im Rahmen dieses *essentials* die Lösung der Grundgleichungen nicht thematisiert werden kann, sollen sie zumindest genannt werden. In einer allgemeinen, vektoriellen Form lauten sie

$$\frac{D\varrho}{Dt} + \varrho \, div \, \vec{v} = 0 \tag{5.1}$$

$$\varrho \frac{D\vec{v}}{Dt} = \varrho\vec{g} - grad \, p + Div\left[\eta\left(2E - \frac{2}{3}\vec{\delta} \, div \, \vec{v}\right)\right] \tag{5.2}$$

und stellen zwei Gleichungen für den Geschwindigkeitsvektor $\vec{v}$ und die skalare Größe Druck p dar. Für Anwendungen z. B. in kartesischen Koordinaten wird

© Springer Fachmedien Wiesbaden GmbH 2017
H. Herwig, *Turbulente Strömungen,* essentials,
DOI 10.1007/978-3-658-18844-3_5

Gl. (5.2) in Form von drei Komponentengleichungen geschrieben, sodass zusammen mit Gl. (5.1) ein System aus vier Gleichungen für die Größen u, v, w und p vorliegt; für Einzelheiten s. z. B. Herwig und Schmandt (2015).

Diese Gleichungen sind seit mehr als einhundert Jahren bekannt und werden nach den beiden Forschern M. Navier (1785–1836) und G.G. Stokes (1819–1903) als *Navier-Stokes-Gleichungen* bezeichnet. Sie gelten für alle sog. *Newtonschen Fluide,* für die ein fester Zusammenhang zwischen einer Scherrate und der daraus resultierenden Verformung gilt, der nur einen konstanten Stoffwert, die sog. Viskosität des Fluides, enthält. Diese Fluideigenschaft liegt für alle Fluide vor, deren molekulare Struktur sich unter der Wirkung einer Scherbewegung nicht verändert, weil sie keine langkettigen Moleküle besitzen, die dabei eine bestimmte Ausrichtung erfahren würden. Zu den Newtonschen Fluiden gehören damit alle „kleinmoleküligen“ Fluide, also Gase und Flüssigkeiten wie Wasser, Öle und flüssige Metalle, also fast alle technisch relevanten Fluide. Nicht-Newtonsche Fluide sind z. B. Honig, Ketchup und Lackfarbe. Siehe dazu auch das Phänomen „Flüssigkeiten im Haushalt“ in Herwig (2014).

Bei den Navier-Stokes-Gleichungen handelt es sich um instationäre, dreidimensionale und nichtlineare Differenzialgleichungen zweiter Ordnung. Deren Lösung unter Berücksichtigung der jeweiligen Rand- und Anfangsbedingungen gelingt in den meisten Fällen nur numerisch, analytisch formulierbare Lösungen sind die absolute Ausnahme.

5.2   Die Physik turbulenter Strömungen

Es gibt verschiedene Möglichkeiten, turbulente Strömungen sichtbar zu machen und daraus eine Vorstellung in Bezug auf die Mechanismen der Turbulenz zu entwickeln. Der unmittelbare Eindruck bei der Betrachtung turbulenter Strömungsfelder ist, dass dort wirbelartige Substrukturen entstehen. Man erkennt in aufeinanderfolgenden Momentaufnahmen Wirbelstrukturen unterschiedlicher Größe und mit verschiedenen Drehfrequenzen, wobei keine dieser Strukturen stabil ist. Ständig entstehen neue Wirbelstrukturen und zerfallen bereits vorhandene Wirbel.

Aus solchen Beobachtungen ist die Vorstellung erwachsen, dass eine turbulente Strömung durch Substrukturen gekennzeichnet ist, die in einem kontinuierlichen, aber begrenzten *Wellenzahl*-Bereich auftreten. Mit dem Begriff Wellenzahl ist hier gemeint, wie viele Wirbel einer bestimmten Wellenzahl k in eine Einheitslänge „passen“. Kleine Wellenzahlen beschreiben damit große Wirbel, große Wellenzahlen gehören zu entsprechend kleinen Wirbeln. Diese wirbelartigen Fluidbewegungen sind durch die kinetische Energie charakterisiert, die mit diesen Bewegungen verbunden ist. Diese kinetische Energie ist ein wichtiger Teil der Gesamt-Energiebilanz in Bezug auf eine Strömung und muss deshalb entsprechend berücksichtigt werden. Dies erfordert eine genaue Kenntnis davon, wie die kinetische Energie der Schwankungsbewegungen, hier modelliert als kinetische Energie der turbulenten Substrukturen, auf die verschiedenen Wellenzahlen k verteilt ist.

Abb. 5.1 zeigt die gängige Darstellung für eine solche Verteilung und die damit verbundene Modellvorstellung eines sog. *Kaskadenprozesses* beim Wirbelzerfall. Dabei ist $E(k)$ die pro Wellenzahl gespeicherte spezifische, d. h. auf die Masse bezogene, kinetische Energie, so dass dem Integral über $E(k)$ die insgesamt in der turbulenten Schwankungsbewegung gespeicherte kinetische Energie $\hat{E}$ entspricht. Für eine vollausgebildete turbulente Strömung (wie z. B. im rechten Teil der Abb. 3.2) ist $\hat{E}$ zeitlich konstant. Trotzdem liegt hier ein hochdynamischer Prozess vor, da ständig neue große Wirbelstrukturen erzeugt werden, diese aber nicht stabil sind, sondern in kleinere Strukturen zerfallen. Da keine dieser Strukturen stabil ist, kommt es zu immer kleineren Wirbelstrukturen. Damit steigen aber auch die lokal auftretenden Geschwindigkeitsgradienten stark an. Aus thermodynamischen Überlegungen folgt nun, dass Wirbelstrukturen nicht beliebig klein werden können. Dies wird verhindert, weil ein immer stärkerer Dissipationsprozess greift (dieser wächst in seiner Stärke mit dem Quadrat der lokalen Geschwindigkeitsgradienten an). In diesem Dissipationsprozess wird kinetische Energie in innere Energie umgewandelt und manifestiert sich anschließend in

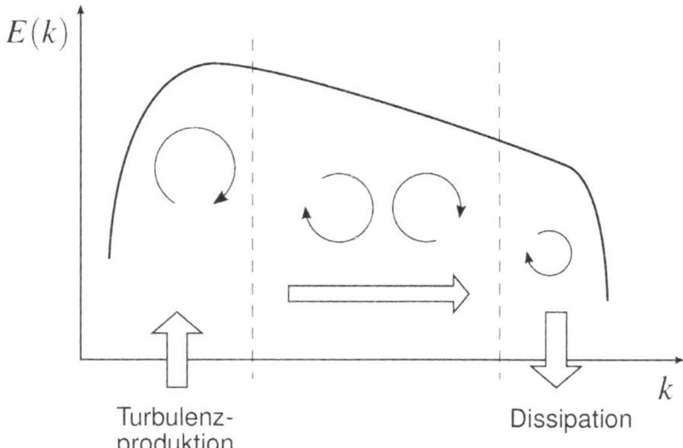

Abb. 5.1 Prinzipieller Verlauf der kinetischen Energie turbulenter Substrukturen (Wirbel) als Funktion der Wellenzahl k. Beachte: Es handelt sich um eine doppeltlogarithmische Auftragung

einem entsprechenden Temperaturanstieg des Fluides. Insgesamt gibt es damit einen „Energiepfad" von der Turbulenzproduktion bei großen Wirbeln über den kontinuierlichen Zerfall der Wirbelstrukturen bis zur Dissipation kinetischer Energie bei den kleinsten Wirbeln, was insgesamt als *Kaskadenprozess* bezeichnet wird.

Die am Ende des Kaskadenprozesses auftretende Dissipation innerhalb der Schwankungsbewegungen wird turbulente Dissipation genannt und ist der unmittelbare Grund für einen erhöhten Widerstand einer turbulenten Strömung gegenüber einer vergleichbaren laminaren Strömung. So ist z. B. die erforderliche Pumpenleistung zur Aufrechterhaltung einer turbulenten Rohrströmung erheblich höher, als wenn derselbe Massenstrom durch eine laminare Rohrströmung gefördert werden könnte.

5.3   Direkte numerische Simulation (DNS)

Da die Gl. (5.1) und (5.2) uneingeschränkt auch für turbulente Strömungen gelten, liegt es nahe, sie direkt zu lösen, ohne vorher die Turbulenz in Form von Turbulenzmodellen quasi vorab zu erfassen. Diese Vorgehensweise wird *direkte numerische Simulation* turbulenter Strömungen (DNS) genannt und benötigt naturgemäß keine Turbulenzmodelle.

So naheliegend dieser Zugang einerseits ist, so schwierig bzw. extrem aufwendig ist er andererseits. Der Grund hierfür liegt in der Physik turbulenter Strömungen, die in Abschn. 5.2 kurz skizziert worden ist. Der wesentliche Aspekt für eine numerische Lösung der Grundgleichungen ist die Forderung, dass in einer solchen Lösung die kleinsten Wirbel der turbulenten Substruktur „aufgelöst" werden können. Dafür muss ein numerisches Gitter fein genug sein und die Zeitschritte der instationären Lösung müssen hinreichend klein gewählt werden.

Für eine grobe Abschätzung der sich daraus ergebenden Anforderung an ein numerisches Gitter bzw. die Zeitschritte einer Lösung soll ein Gebiet in Form eines Würfels mit 0,1 m Kantenlänge betrachtet werden, in dem eine Strömung mit einer mittleren Geschwindigkeit von $u_m = u_c = 10\,\text{m/s}$ vorliegt. Unterstellt man als Fluid Luft und nimmt die Kantenlänge als charakteristische Länge $L_c = 0{,}1\,\text{m}$ ergibt sich mit $\nu = 15 \cdot 10^{-6}\,\text{m}^2/\text{s}$, vgl. Gl. (3.1), eine Reynolds-Zahl $\text{Re} = \frac{u_m L_c}{\nu} = 6{,}7 \cdot 10^4$.

Für diese Reynolds-Zahl sind die kleinsten Wirbel von der Größenordnung $l = 0{,}1\,\text{mm}$. Mit „Größenordnung" ist hier gemeint, dass der angegebene Zahlenwert durchaus kleiner oder größer sein kann, aber nicht um ein Zehnfaches oder mehr.

Die Abmessung $l = 0,1$ mm erscheint zunächst noch „harmlos", aber: Damit ergeben sich auf der Kantenlänge des Würfels von 0,1 m bereits 1000 Aufpunkte, was im Würfelvolumen zu 10^9, also einer Milliarde Gitterpunkten führt! Bedenkt man zusätzlich, dass die Zeitschrittweite so gewählt sein sollte, dass ein Fluidteilchen in einem Zeitschritt nicht mehr als einen Gitterabstand zurücklegt, so folgt mit $u_m = 10\,\text{m/s}$ und $l = 10^{-4}$ m eine Zeitschrittweite von $\Delta t = 10^{-5}$ s. Um die realen Verhältnisse innerhalb des gewählten Würfels während einer Sekunde zu berechnen, müssen die Gl. (5.1) und (5.2) numerisch einhunderttausendmal auf einem Gitter mit einer Milliarde Aufpunkten berechnet werden!

Dies kann man (heute) tun, sollte aber bedenken, dass dafür extrem lange Rechenzeiten erforderlich sind und ungeheuer große Datenmengen anfallen. Diese sind nur in Ausnahmefällen und meist unter grundlagenorientierten Fragestellungen sinnvoll zu verwerten. Abb. 5.2 zeigt als ein Beispiel einen Ausschnitt aus dem momentanen Strömungsfeld einer mit DNS berechneten Kanalströmung. Die zuvor angesprochene Wirbelstruktur im Strömungsfeld ist deutlich erkennbar, wobei hier sehr spezielle Wirbel in unmittelbarer Wandnähe auftreten, die „Haarnadelwirbel" (engl.: hair pin vortices) genannt werden. Einzelheiten können der Originalarbeit entnommen werden (Jin et al 2014).

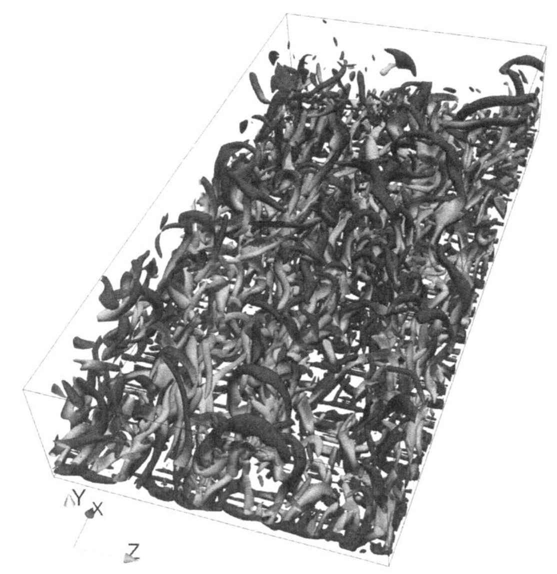

Abb. 5.2 Details eines momentanen Strömungsfeldes in der Nähe der Wand eines turbulent durchströmten Kanals, Hauptströmung in x-Richtung, DNS-Lösung mit 38 Mio. Aufpunkten, aus: Jin et al. (2014)

Die großen Datenmengen könnte man anschließend einer zeitlichen Mittelung unterziehen, um dann z. B. ein zeitgemitteltes Geschwindigkeitsfeld zu erhalten. Wie im Folgenden gezeigt wird, kann diese Information aber sehr viel einfacher dadurch gewonnen werden, dass man anstelle von Gl. (5.1) und (5.2) Gleichungen für zeitgemittelte Größen entwickelt und diese anschließend numerisch löst.

5.4   Gleichungen für zeitgemittelte Größen (RANS)

Der naheliegende Ansatz, Gleichungen für zeitgemittelte Größen herzuleiten, besteht darin, die allgemeinen (zeitabhängigen) Gl. (5.1) und (5.2) selbst einer Zeitmittelung zu unterziehen. Dies wird dann im englischsprachigen Raum durch die Abkürzung RANS gekennzeichnet, was für **R**eynolds **A**veraged **N**avier-**S**tokes (Gleichungen) steht. Dafür sind zwei Schritte erforderlich:

1) Aufspaltung von $\vec{v} = (u, v, w)$ und p in den jeweiligen Mittelwert und die zugehörige Abweichung, wie in Gl. (2.1) für die Geschwindigkeitskomponente u gezeigt worden ist.
2) Einsetzen dieser Größen in Gl. (5.1) und (5.2) und anschließende Zeitmittelung der Gleichungen.

Dabei wird hier unterstellt, dass die Stoffwerte ρ und η Konstanten sind und deshalb keine Schwankungen aufweisen.

Das beschriebene Vorgehen ist eindeutig, leicht nachvollziehbar, aber in allen Details zu aufwendig für eine Darstellung an dieser Stelle. Für Details s. z. B. Abschn. 5.3 in Herwig, Schmandt (2015). Vergleicht man die neuen Gleichungen für die zeitgemittelten Größen mit den ursprünglichen Gl. (5.1) und (5.2) gibt es zwei entscheidende Unterschiede:

- Anstelle der Momentangröße $\vec{v} = (u, v, w)$ und p treten ihre Mittelwerte $(\bar{u}, \bar{v}, \bar{w})$ und $\bar{p}$ auf
- Die zu Gl. (5.2) analoge Gleichung enthält neue, zusätzlich Terme.

Würde es diese Zusatzterme nicht geben, bestünde kein Unterschied zwischen einer laminaren Strömung und der zeitgemittelten turbulenten Strömung, da Gl. (5.1) und (5.2) uneingeschränkt auch für laminare Strömungen gelten. Erst diese Zusatzterme beschreiben den Unterschied zwischen den beiden fundamental verschiedenen Strömungsformen „laminar" und „turbulent".

5.4.1 Turbulente Zusatzterme

Zusatzterme entstehen in den Gleichungen immer dann, wenn zwei schwankende Größen miteinander multipliziert werden, wie anhand zweier allgemeiner Größen a und b gezeigt werden soll. Wendet man die zwei Schritte zur Herleitung der Gleichungen für zeitgemittelte Größen auf das Produkt ab an, so gilt Folgendes:

$$1)\ ab \rightarrow \left(\bar{a} + a'\right)\left(\bar{b} + b'\right) = \bar{a}\bar{b} + a'\bar{b} + b'\bar{a} + a'b' \tag{5.3}$$

$$2)\ \text{Zeitmittelung} \rightarrow \bar{a}\bar{b} - \overline{a'b'} \tag{5.4}$$

Hier wird die Zeitmittelung wieder durch einen Überstrich gekennzeichnet.

Aus der Definition der Zeitmittelung gemäß Gl. (2.1) folgt z. B. für die Größe a unmittelbar $\overline{a'} = 0$: Die Zeitmittelung einer Schwankungsgröße ergibt null. Dies ist leicht nachzuvollziehen, weil per Definition z. B. in Abb. 2.1 die Fläche unter u bis zum Mittelwert $\bar{u}$ gleich der Fläche über u bis zum Mittelwert $\bar{u}$ ist oder weniger präzise formuliert: der Wert von u liegt gleichermaßen über $\bar{u}$ wie unter $\bar{u}$. Damit gilt in (5.3), dass die Zeitmittelung von $a'\bar{b}$ bzw. $b'\bar{a}$ null ergibt, weil die Multiplikation einer Schwankungsgröße mit einem zeitunabhängigen Wert ($\bar{b}$ bzw. $\bar{a}$) die Mittelungseigenschaften nicht verändert. Die entscheidende neue Größe ist also $\overline{a'b'}$, d. h. das Zeitmittel zweier Schwankungsgrößen.

Betrachtet man vor dem Hintergrund dieser zunächst allgemeinen Überlegungen Gl. (5.2) so wird deutlich, dass turbulente Zusatzterme ausschließlich auf der linken Gleichungsseite aufgrund des nichtlinearen Terms $\rho D\vec{v}/Dt$ entstehen. Um dies besser erkennen zu können, wird jetzt die kartesische Form der Grundgleichungen weiter betrachtet. Aus $\rho D\vec{v}/Dt$ wird dabei mit $\vec{v} = (u, v, w)$

$$\rho\left(\frac{\partial u}{\partial t} + u\frac{\partial u}{\partial x} + v\frac{\partial u}{\partial y} + w\frac{\partial u}{\partial z}\right) = \ldots$$

$$\rho\left(\frac{\partial v}{\partial t} + u\frac{\partial v}{\partial x} + v\frac{\partial v}{\partial y} + w\frac{\partial v}{\partial z}\right) = \ldots$$

$$\rho\left(\frac{\partial w}{\partial t} + u\frac{\partial w}{\partial x} + v\frac{\partial w}{\partial y} + w\frac{\partial w}{\partial z}\right) = \ldots \tag{5.5}$$

als jeweils linke Seite der drei Komponentengleichungen für die kartesischen Geschwindigkeitskomponenten u, v und w. Damit treten neun Produkte von Größen auf, die in Mittel- und Schwankungsgrößen aufgespalten werden. Nach der anschließenden Zeitmittelung entstehen neun turbulente Zusatzterme, die im Wesentlichen das Produkt zweier Geschwindigkeitsschwankungen enthalten.

Erst wenn diese Zusatzterme bekannt sind, stellen die aus den Gl. (5.1) und (5.2) entstandenen Gleichungen Bestimmungsgleichungen für $\bar{u}, \bar{v}, \bar{w}$ und $\bar{p}$ da. Solange dies nicht der Fall ist, liegt kein lösbares (geschlossenes) Gleichungssystem vor. Man nennt diese Situation das *Schließungsproblem der Turbulenz.*

5.4.2 Schließung des Gleichungssystems

Da das Gleichungssystem für die zeitgemittelten Größen nicht geschlossen ist solange es neun zusätzliche unbekannte Terme enthält, muss es vor einem „Lösungsversuch" erst einmal geschlossen werden. Dazu gibt es prinzipiell zwei Wege:

1. Man ergänzt die zeitgemittelte Version von Gl. (5.1) und (5.2) um neun (exakte, d. h. *nicht modellierte*) Gleichungen für die neun neuen Unbekannten.
2. Man modelliert die neun Unbekannten, indem man sie jeweils durch $\bar{u}, \bar{v}, \bar{w}$ und $\bar{p}$ ausdrückt, sodass dann nur diese vier Größen als Unbekannte verbleiben.

Der erste Weg erfordert die Herleitung von Bestimmungleichungen für die neuen, unbekannten Terme. Dies ist in der Tat möglich, wie z. B. in Gersten und Herwig (1992) gezeigt wird, aber: Diese Gleichungen für Produkte aus zwei Schwankungsgrößen enthalten neue unbekannte Terme, in denen Produkte aus drei Schwankungsgrößen auftreten, die wiederum dazu führen, dass ein neues Schließungsproblem vorliegt. Da dasselbe Problem auf allen weiteren Gleichungsebenen auftritt, kann man auf diesem Weg nicht endgültig zu einem geschlossenen Gleichungssystem gelangen.

Als Ausweg bleibt der zweite Weg, die Turbulenzmodellierung. Damit ist gemeint, dass die unbekannten Terme so durch die mittleren Größen ausgedrückt werden, dass die mit ihnen verbundene Physik möglichst weitgehend erhalten bleibt.

5.4.3 Zur Physik der turbulenten Zusatzterme

Wie in Abschn. 5.4.1 gezeigt worden war, bestehen die turbulenten Zusatzterme entscheidend aus dem Zeitmittel des Produktes zweier Schwankungsgrößen. Ein typisches Beispiel aus den neun Termen, die sich aus der RANS-Mittelung der Gl. (5.5) ergeben, ist der Term

$$-\rho \frac{\partial \left(\overline{u'v'}\right)}{\partial y} \qquad (5.6)$$

der auf der rechten Seite der RANS x-Impulsgleichung auftritt. Dieser Term ist nur dann von Null verschieden, wenn $\overline{u'v'} \neq 0$ gilt und zusätzlich noch eine Veränderung in Richtung von y vorliegt.

Bevor man nun überlegt, wie der Term (5.6) mit den mittleren Strömungsgrößen verbunden werden könnte (Turbulenzmodellierung), sollte man sich die Physik vor Augen führen, die in (5.6) zum Ausdruck kommt. Warum ist $\overline{u'v'}$ von Null verschieden?

Wenn u und v unabhängig voneinander schwanken würden, wäre das Produkt der zugehörigen Schwankungsgrößen $\overline{u'v'}$ mit gleicher Wahrscheinlichkeit positiv wie negativ und $\overline{u'v'}$ wäre genauso Null wie es $\overline{u'}$ und $\overline{v'}$ per Definition sind. Dies bedeutet im Umkehrschluss, dass u und v nicht unabhängig voneinander schwanken, wenn $\overline{u'v'} \neq 0$ gilt.

Genau dies ist der Fall, weil die in Abschn. 5.2 beschriebenen Turbulenzstrukturen (wirbelartige Substrukturen) vorliegen. Eine bestimmte Stelle im Strömungsfeld zeigt u- und v-Komponenten, die sich aus der dort momentan vorliegenden Wirbelstruktur ergeben und als Folge davon Schwankungskomponenten u' und v' aufweisen, die relativ stark korrelieren, d. h. auf eine bestimmte Weise aufeinander abgestimmt sind. Die genaue Korrelation ist aber unbekannt, solange man das Strömungsfeld nicht in allen Einzelheiten kennt, wie dies nur nach einer DNS-Lösung der Fall wäre (s. Abschn. 5.3).

Für die nun erforderliche Turbulenzmodellierung geht es entscheidend um die Frage, wie viel man von der Physik der Turbulenz, die in den turbulenten Zusatztermen zum Ausdruck kommt, in einem konkreten Modellierungsansatz „einbringen" kann. Was erkennt man als entscheidenden Einfluss der Turbulenz auf das Strömungsfeld?

5.5 Strategien zur Turbulenzmodellierung

5.5.1 Wirbelviskositäts-Modelle

Sehr anschaulich führen Schwankungsbewegungen, die naturgemäß auch quer zur Hauptströmungsrichtung vorliegen, zu einem erhöhten Impulsaustausch quer zur Strömungsrichtung. Bei laminaren Strömungen entsteht ein solcher Impulsaustausch aufgrund der Viskosität des Fluides, d. h. durch molekulare Wechselwirkungen benachbarter Moleküle (die nicht so wirkungsvoll sein können wie die viel weiter reichenden Geschwindigkeitsschwankungen zusammenhängender Fluidelemente!). Sehr anschaulich erklärt dies die Entstehung von Grenzschichten an festen Wänden, die bei reibungsfreier Strömung (und damit ohne den Einfluss einer Fluidviskosität) nicht vorhanden wären.

Ein deutlich erhöhter Impulsaustausch aufgrund von Turbulenz müsste deshalb durch eine entsprechend „künstlich" erhöhte Viskosität beschreibbar (modellierbar) sein. In der Tat war dies historisch gesehen der Ausgangspunkt für eine Turbulenzmodellierung, die etwa wie folgt formuliert werden kann:

Die Wirkung der Turbulenz innerhalb einer Strömung kann näherungsweise dadurch erfasst werden, dass neben der molekularen Viskosität η (einer Stoffgröße) eine weitere sog. *scheinbare (auch: turbulente) Viskosität* η_t (eine Strömungsgröße) eingeführt wird. Beide zusammen ergeben dann als

$$\eta_{eff} = \eta + \eta_t \qquad (5.7)$$

die effektiv wirkende Viskosität in einer turbulenten Strömung. Die scheinbare Viskosität η_t wird auch als *Wirbelviskosität* bezeichnet und gibt damit den zugehörigen Turbulenzmodellen ihren Namen.

Betrachtet man daraufhin die Grundgleichungen für die zeitgemittelten Größen erneut, so ergibt sich insgesamt folgende Situation: Reibungseffekte aufgrund der molekularen Viskosität werden durch die neun Terme des sog. *viskosen Spannungstensors* $\overline{\tau_{ij}}$ beschrieben, Turbulenzeffekte durch die neun Terme des sog. *Reynoldsschen Spannungstensors* τ'_{ij}. Jeweils drei Terme finden sich auf den rechten Seiten der x-, y- und z-Impulsgleichung, wobei i und j jeweils für x, y oder z stehen.

Die Terme des viskosen Spannungstensors sind für ein Newtonsches Fluid über die molekulare Viskosität η linear mit den „zugehörigen" Geschwindigkeitsgradienten verknüpft. Ein typisches Beispiel aus den neun Termen, die sich daraus auf den rechten Seiten der Impulsgleichungen ergeben, ist der Term

$$\frac{\partial}{\partial y}\left(\eta\frac{\partial \bar{u}}{\partial y}\right)\left(=\frac{\partial \overline{\tau_{yx}}}{\partial y}\right) \qquad (5.8)$$

Dieser Term ist nicht zufällig ausgewählt worden, sondern er entspricht dem Term (5.6), der den „zugehörigen" turbulenten Impulsaustausch beschreibt. Mit dem Ansatz (5.7) gilt damit für beide Terme zusammen:

$$\frac{\partial}{\partial y}\left[(\eta + \eta_t)\frac{\partial \bar{u}}{\partial y}\right] \qquad (5.9)$$

Aus dem Vergleich von (5.9) mit (5.6) folgt unmittelbar die hier gewählte Turbulenzmodellierung

$$\overline{u'v'} = -\frac{\eta_t}{\rho}\frac{\partial \bar{u}}{\partial y} \qquad (5.10)$$

für eine der neuen Komponenten des turbulenten Spannungstensors. Der vollständige Modellierungsansatz ist z. B. in Herwig und Schmandt (2015) beschrieben.

Für das allgemeine Verständnis sind an dieser Stelle mathematische Details nicht so wichtig wie die grundlegende Aussage: Bei dieser Modellierungsstrategie wird der Einfluss der Turbulenz auf eine Strömung durch die Einführung einer skalaren Größe „scheinbare Viskosität bzw. Wirbelviskosität" erfasst, mit der es gelingt, das Gleichungssystem zu schließen, weil damit alle neuen unbekannten Terme durch die mittleren Größen $\bar{u}, \bar{v}, \bar{w}$ und $\bar{p}$ ausgedrückt werden können. Die entscheidende Frage ist aber noch ungeklärt: Wie groß ist η_t?

Mit der Einführung der Wirbelviskosität η_t ist die Modellierungsnotwendigkeit auf diese Größe übertragen worden. Sie ist aber der physikalischen Anschauung näher als die abstrakten Größen der neun zusätzlichen Spannungskomponenten. Gesucht ist also $\eta_t = \eta_t(x, y, z)$, d. h. die lokale Wirbelviskosität. Sie ist, wie bereits erwähnt, eine reine Strömungsgröße, da sie aufgrund der Turbulenz „entsteht" und nicht etwa die Folge einer bestimmten Fluideigenschaft ist, wie dies für die molekulare Viskosität η gilt.

Wie stets in solchen Situationen wird man zunächst mit dem einfachst möglichen Ansatz beginnen, um dann zu entscheiden, ob damit bereits eine hinreichende Modellierungsgenauigkeit erreicht wird oder ob der Modellansatz weiter verfeinert werden muss.

In diesem Sinne lautet der erste (naive) Versuch einer Modellierung von η_t:

$$\eta_t = \text{const.} \tag{5.11}$$

Der beobachtete erhöhte Impulsaustausch müsste doch (zumindest in einer ersten Näherung) durch einen entsprechend erhöhten Viskositätswert erfasst werden können.

Aber: Ein insgesamt im ganzen Feld gleichmäßig erhöhter Viskositätswert entspricht lediglich einem veränderten, aber weiterhin Newtonschen Fluid. Strömungen mit η allein und mit $\eta + \eta_t = const$ sind zwei laminare Strömungen unterschiedlicher Fluide. In einer dimensionslosen Darstellung wären es laminare Strömungen bei zwei unterschiedlichen Reynolds-Zahlen!

Dieser Modellierungsversuch ist ein typisches Beispiel für ein Modell, mit dem die entscheidenden physikalischen Effekte (hier: der Turbulenz) nicht erfasst werden können. Offensichtlich ist die Ungleichverteilung von η_t „der Schlüssel" zu einer erfolgreicheren Modellierung. Dies sollte nicht verwundern, wenn man bedenkt, dass an der Wand die Haftbedingung gilt und damit keine von Null verschiedene Strömungsgeschwindigkeit und folglich auch keine Schwankungsgeschwindigkeit vorliegt. Dann muss aber an der Wand gelten: $\eta_t = 0$! Während also die Strömungsgröße η_t durch den Wandeinfluss gedämpft wird (und an der Wand selbst verschwindet) ist der Stoffwert η davon unbeeinflusst.

In der Tat gilt für die Wandschubspannung (in einer Situation, in der $\bar{u}$ die einzige wandparallele Strömungskomponente ist und y und senkrecht zur Wand verläuft)

$$\tau_w = \eta \left. \frac{\partial \bar{u}}{\partial y} \right|_w \tag{5.12}$$

für laminare wie für turbulente Strömungen! Der generell erhöhte Widerstand turbulenter gegenüber laminaren Strömungen muss dann durch deutlich höhere Wandgradienten $(\partial \bar{u}/\partial y)_w$ entstehen, wie dies in Abb. 5.3 skizziert ist. „Obwohl" $\eta_t = 0$ an der Wand gilt, gibt es einen (indirekten) Einfluss der Turbulenz auf die Wandschubspannung: Die Turbulenz in der Nähe der Wand führt zu qualitativ veränderten Geschwindigkeitsprofilen und damit auch zu einem veränderten Geschwindigkeitsgradienten *an* der Wand. Wie zuvor beschrieben, ist die qualitative Veränderung des Geschwindigkeitsprofils („völligere Profile") eine Konsequenz der *nicht-konstanten* Wirbelviskosität η_t.

Dies ist mit folgender Überlegung (leicht) nachvollziehbar. Allgemein gilt für die Schubspannung τ in einer gescherten Strömung und einer Situation, die für den Spezialfall $y = 0$ (an der Wand) zuvor bei (5.12) unterstellt worden ist: $\tau = (\eta + \eta_t)\partial \bar{u}/\partial y$. In unmittelbarer Wandnähe kann die Schubspannung in erster Näherung als konstant angesehen werden; es gibt sogar Fälle, in denen dies exakt gilt, wie z. B. bei der sog. Couette-Strömung (Strömung zwischen zwei parallel zueinander bewegten Wänden). Eine konstante Schubspannung bedeutet, dass das Produkt aus der (effektiven) Viskosität und dem Geschwindigkeitsgradienten konstant ist. Daraus folgt:

- Bei konstanter Viskosität ist $\partial \bar{u}/\partial y$ ebenfalls konstant, also unabhängig vom Wandabstand.
- Wenn die Viskosität mit dem Wandabstand (stark) ansteigt (wie dies bei $\eta + \eta_t$ der Fall ist), muss $\partial \bar{u}/\partial y$ entsprechend stark abnehmen. Genau dies führt zu den „völligeren Profilen" turbulenter wandgebundener Strömungen: Große Werte des Geschwindigkeitsgradienten liegen in unmittelbarer Nähe zur Wand vor, nach außen nehmen sie (stark) ab.

Abb. 5.3 Qualitativer Unterschied der Geschwindigkeitsprofile laminarer und turbulenter wandgebundener Strömungen

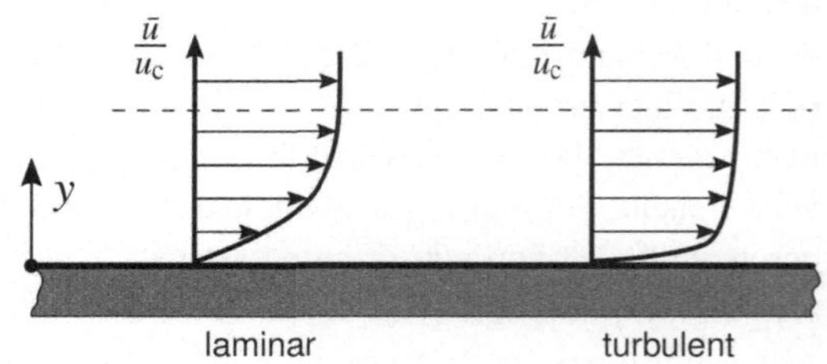

Auf der Basis des Wirbelviskositätsansatzes sind eine ganze Reihe von Turbulenzmodellen entwickelt worden. Allen gemeinsam ist, dass sie eine Vorhersage in Bezug auf die skalare Strömungs-Feldgröße η_t treffen, stets ausgehend vom Wert $\eta_t = 0$ an der Wand.

Je nach „Modellierungstiefe" wird η_t aus einer algebraischen Gleichung bis hin zu zwei partiellen Differenzialgleichungen bestimmt. Details dazu sind z. B. in Herwig und Schmandt (2015) zu finden.

5.5.2 Reynolds-Spannungs-Modelle

Während mit den bisher beschriebenen Wirbelviskositätsmodellen die Modellierungsnotwendigkeit von den neun Termen des Reynoldsschen Spannungstensors auf die eine skalare Größe η_t zurückgeführt worden ist, wird in einer zweiten Klasse von Turbulenzmodellen direkt auf die (neun) Komponenten des Reynoldsschen Spannungstensors „gezielt".

Im Prinzip werden dabei jeweils getrennte Gleichungen für die einzelnen Komponenten aufgestellt. Diese können, wie zuvor bereits beschrieben, aus den vollständigen Grundgleichungen abgeleitet werden, bedürfen aber bzgl. einiger Terme ihrerseits wiederum einer Modellierung. Details würden den Rahmen dieses *essential*-Bandes sprengen, es sollte aber erkennbar sein, dass diese Modellierungsstrategie zwar aufwendiger ist als ein Ansatz über die Wirbelviskosität, gleichzeitig aber auch eine genauere Beschreibung der Turbulenzphysik erlaubt. Für konkrete Turbulenzmodelle dieser Art sei wiederum auf Herwig, Schmandt (2015) verwiesen.

Die Zweischichtenstruktur wandnaher turbulenter Strömungen

6

In technischen Anwendungen treten turbulente Strömungen in aller Regel bei Umströmungen oder Durchströmungen und damit als wandgebundene Strömungen auf, s. dazu Kap. 3 dieses *essential*-Bandes. Sowohl der Widerstand bei Umströmungen als auch der (Gesamt-)Druckverlust bei Durchströmungen sind eine unmittelbare Folge der „Interaktion zwischen Strömung und Wand". Es sollte deshalb nicht verwundern, dass der wandnahe Teil eines Strömungsfeldes von besonderer Bedeutung ist und sich dort die Besonderheit einer turbulenten Strömung manifestiert.

Diese Besonderheit kann mithilfe des Konzepts der Wirbelviskosität sehr anschaulich dargestellt werden. In Abschn. 5.5.1 war ausführlich erläutert worden, dass die entscheidende Eigenschaft der Modellgröße Wirbelviskosität η_t ihr Anstieg vom Wert $\eta_t = 0$ an der Wand zu großen Werten $\eta_t \gg \eta$ in Wandnähe ist. Da die molekulare Viskosität als konstant angesehen werden kann (Vernachlässigung einer geringfügigen Temperatur- und Druckabhängigkeit), entstehen in Wandnähe zwei physikalisch sehr unterschiedliche Schichten:

- Eine sog. „*Wandschicht*" an der Wand, in der η und η_t gleichermaßen von Bedeutung sind und die Strömung entsprechend beeinflussen.
- Eine daran anschließende *wandnahe Schicht*, in der $\eta_t \gg \eta$ gilt und damit nur noch die Wirbelviskosität von Bedeutung ist.

Abb. 6.1 zeigt diese Zweischichtenstruktur wandgebundener turbulenter Strömungen. Daran wird deutlich, dass die Turbulenz noch so intensiv sein kann und damit η_t sehr bald Werte $\eta_t \gg \eta$ annimmt: Eine Wandschicht gibt es immer! Sie mag extrem dünn sein, verliert aber nie ihre Bedeutung, weil der Impulsaustausch zwischen der Strömung und der Wand genau an(!) der Wand stattfindet und damit stets in(!) der Wandschicht, die deshalb von großer Bedeutung ist.

© Springer Fachmedien Wiesbaden GmbH 2017

H. Herwig, *Turbulente Strömungen*, essentials,

DOI 10.1007/978-3-658-18844-3_6

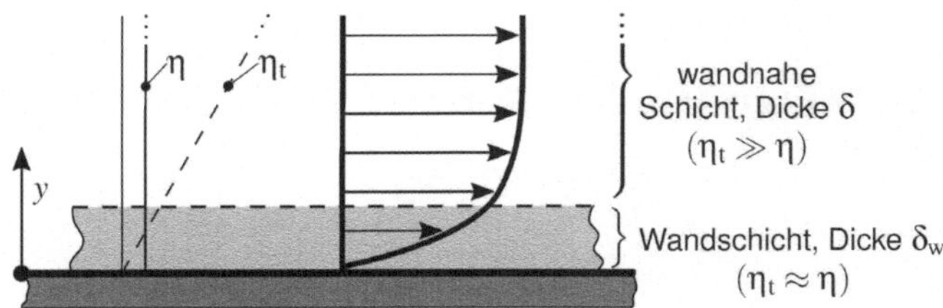

Abb. 6.1 Zweischichtenstruktur wandnaher turbulenter Strömungen. Beachte: Der Grenzschichtrand liegt in dieser Darstellung weit außerhalb des Bildes

6.1   Zweischichtenstruktur bei Umströmungen

Eine genauere Analyse der Zweischichtenstruktur für Umströmungen ergibt, dass sowohl die wandnahe Schicht (dies ist dann die Grenzschicht) als auch die Wandschicht selbst mit wachsender Reynolds-Zahl stets dünner werden. Für die Grenzschicht gilt $\delta \sim (\ln(\mathrm{Re}))^{-1}$, für die Wandschichtdicke $\delta_w \sim (\ln(\mathrm{Re}))/\mathrm{Re}$ und damit

$$\frac{\delta_w}{\delta} \sim \frac{(\ln(\mathrm{Re}))^2}{\mathrm{Re}} \tag{6.1}$$

Für große Reynolds-Zahlen, bzw. im Grenzprozess $\mathrm{Re} \to \infty$, werden damit δ und δ_w stets kleiner, aber auch für das Verhältnis δ_w/δ gilt:

$$\frac{\delta_w}{\delta} \to 0 \text{ für } \mathrm{Re} \to \infty \tag{6.2}$$

Der Tatsache, dass δ_w auf der beschriebenen Weise von der Reynolds-Zahl abhängt, wird dadurch Rechnung getragen, dass der wandnahe Bereich des Strömungsfeldes nicht in der Querkoordinate y (s. Abb. 6.1), sondern in einer transformierten Koordinate (τ_w: Wandschubspannung)

$$y^+ = \frac{y\sqrt{\tau_w/\varrho}}{\nu} \tag{6.3}$$

beschrieben wird, s. z. B. Herwig, Schmandt (2015) für Details dazu. In dieser „angepassten Koordinate" ist $\delta_w^+ = \delta_w\sqrt{\tau_w/\varrho}/\nu$ ein fester Wert $\delta_w^+ \approx 70$.

In Abb. 6.2 ist ein Beispiel für eine turbulente Wandgrenzschicht mit konkreten Zahlenwerten gegeben. Auch hier wird (wie stets üblich) die Grenzschicht erheblich größer eingezeichnet als es den tatsächlichen Verhältnissen entspricht.

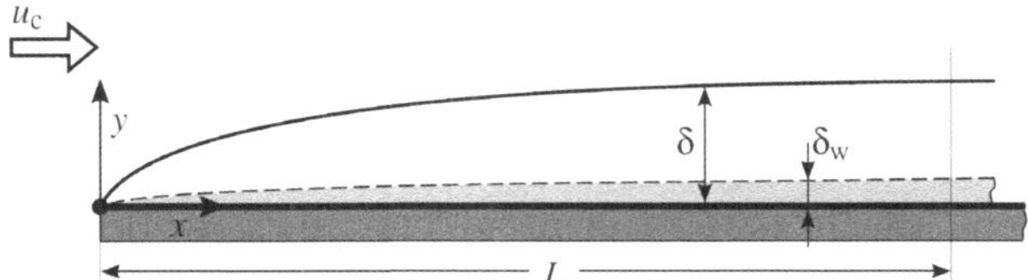

Abb. 6.2 Turbulente Grenzschicht an einer überströmten ebenen Wand; Fluid: Luft, Daten im Abstand L von der Vorderkante: $u_c = 100\,\frac{m}{s}$; $L = 5\,m\,(\mathrm{Re} = 3{,}3 \cdot 10^7)$: $\delta \approx 58$ mm, $\delta_w \approx 0{,}3$ mm Beachte: Da δ_w gegenüber δ asymptotisch klein ist, wird δ bis zur Wand eingezeichnet

Während in Abb. 6.2 etwa $\delta_w/L \approx 0{,}025$ gilt, ist das tatsächliche Verhältnis $\delta_w/L \approx 6 \cdot 10^{-5}$, also etwa um den Faktor 400 kleiner. Bei einer „korrekten" Darstellung würde die Wandschicht in der Strichstärke der Zeichnung verschwinden! Ähnliches gilt auch für die gesamte Grenzschicht: In Bild 6.2 dürfte die Dicke der Grenzschicht (58 mm) nach der Lauflänge $L = 5$ m bei maßstabsgerechter Eintragung nur etwa 1,7 mm betragen!.

Es wird noch einmal hervorgehoben: In diesen extrem dünnen Schichten finden die entscheidenden physikalischen Vorgänge statt, bei denen die Turbulenz eine entscheidende Rolle spielt.

6.2 Zweischichtenstruktur bei Durchströmungen

Die mit der Zweischichtenstruktur verbundenen physikalischen Effekte können für Durchströmung sehr anschaulich am Beispiel der ausgebildeten turbulenten Rohrströmung erläutert werden. Dies bezieht sich zunächst auf Kreis-Rohrquerschnitte, hat aber über das Konzept des hydraulischen Durchmessers seine Bedeutung für beliebige Rohrquerschnitts-Geometrien. In diesem Sinne gilt das anschließend näher erläuterte Rohrreibungsdiagramm für beliebige Rohrquerschnitte mit der Querschnittsfläche A und dem Umfang U, wenn der Kreisdurchmesser D durch den sog. *hydraulischen Durchmesser* ersetzt wird. Die Definition lautet:

$$D_h = \frac{4A}{U} \qquad (6.4)$$

Dies ist eine Näherung, die für turbulente Strömungen nur mit einem Fehler im niedrigen Prozentbereich verbunden ist.

Das in Abb. 6.3 gezeigte Widerstandsgesetz für die Rohrströmung zeigt den Zusammenhang zwischen dem Massenstrom eines Newtonschen Fluides und dem dazu erforderlichen Druckgradienten. Mithilfe der Dimensionsanalyse dieses Zusammenhanges gelingt es, eine einheitliche Darstellung zu finden, die für alle Newtonschen Fluide, alle denkbaren Massenströme und alle Rohrdurchmesser gilt. Dazu werden drei dimensionslose Größen eingeführt (zu Details s. z. B. Herwig und Schmandt (2015), Kap. 2.3), und zwar

$$\lambda_R = \frac{-dp/dx}{\varrho u^2/2D_h} \quad \text{(Rohrreibungszahl)} \tag{6.5}$$

$$\text{Re} = \frac{\varrho u D_h}{\eta} \quad \text{(Reynolds} - \text{Zahl)} \tag{6.6}$$

$$K = \frac{ks}{D_h} \quad \text{(Rauheitsparameter)} \tag{6.7}$$

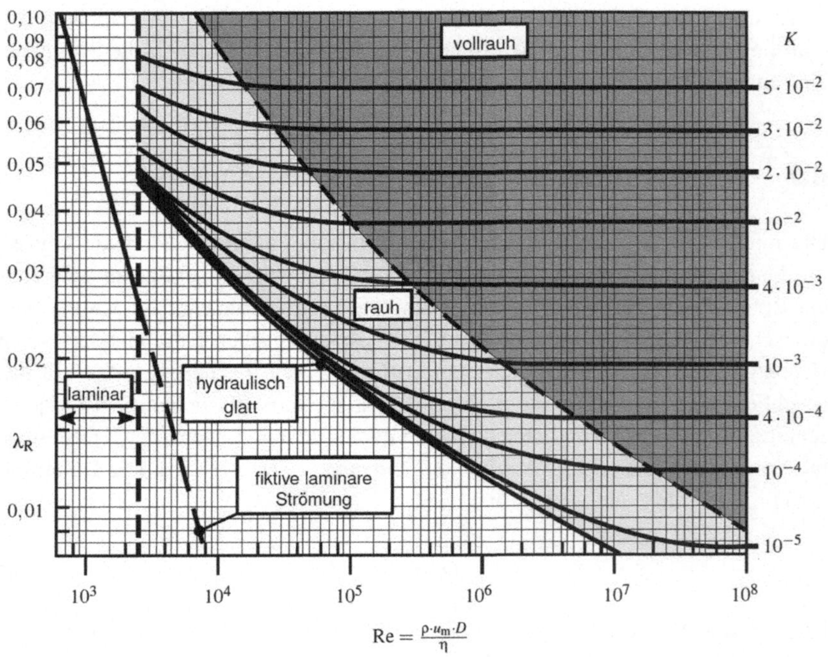

Abb. 6.3 Widerstandsgesetz der Rohrströmung K: Rauheitsparameter, s. Abschn. 6.3

Dabei können die Reynolds-Zahl als dimensionsloser Massenstrom, die Rohrreibungszahl als dimensionsloser Druckgradient und der Rauheitsparameter als dimensionslose Rauheitshöhe interpretiert werden. Der Einfluss der Rauheitshöhe wird nachfolgend erläutert. Als Stoffwerte des Newtonschen Fluides treten in der Darstellung $\lambda_R = \lambda_R(\mathrm{Re}, K)$ gemäß Abb. 6.3 die Dichte ϱ und die dynamische Viskosität η auf. Folgende Aspekte kennzeichnen das Widerstandsverhalten einer ausgebildeten (d. h. bzgl. des Geschwindigkeitsprofils lauflängenunabhängigen) Rohrströmung:

- Für Reynolds-Zahlen $\mathrm{Re} < 2300$ liegen stets laminare Strömungen vor, wobei gilt $\lambda_R = 64/\mathrm{Re}$. Damit sind diese Strömungen einheitlich durch einen konstanten Wert der sog. *Poiseuille-Zahl* $\mathrm{Po} = \lambda_R \mathrm{Re}$ gekennzeichnet, hier $\mathrm{Po} = 64$. Um diese Strömungen zusammen mit den turbulenten Strömungen darstellen zu können, wird jedoch $\lambda_R(\mathrm{Re})$ als Kennzahl beibehalten.
- Wenn die Rohrströmung auch für $\mathrm{Re} > 2300$ laminar bliebe, würde weiterhin $\lambda_R = 64/\mathrm{Re}$ gelten, was in Abb. 6.3 als fiktive laminare Strömung bezeichnet wird. Solche Strömungen können dann auftreten, wenn alle Störungen insbesondere bei dem Zustandekommen der Strömung vermieden werden, wie z. B. scharfkantige Rohröffnungen, Wandrauheiten, Pumpeneinflüsse etc. Diese Strömungen sind aber nicht stabil, sondern nehmen bereits bei der kleinsten Störung den turbulenten Strömungszustand an. Dies deckt sich mit der Antwort auf das „warum" in Bezug auf turbulente Strömungen in Kap. 4: ... weil ihre „Vorform" instabil gegenüber Störungen war.

Abb. 6.3 zeigt sehr deutlich, dass bei diesem Übergang auf die turbulente Strömungsform sehr viel größere λ_R-Werte erreicht werden, d. h. der Strömungswiderstand nimmt erheblich zu. Bei $\mathrm{Re} = 10^4$ erfolgt bereits ein Anstieg um etwa das Fünffache, bei $\mathrm{Re} = 10^5$ ist der Widerstand der turbulenten Strömung etwa 30-mal so hoch wie bei der korrespondierenden laminaren Strömung.

- Der Widerstandsbeiwert hängt für turbulente Strömungen sehr stark vom Rauheitsparameter K ab. Dies gilt gleichermaßen für Durch- und Umströmungen und wird im folgenden Kapitel erläutert.

6.3 Einfluss von Wandrauheiten

Im Bereich turbulenter Strömung liegt ein extrem starker Einfluss von Wandrauheiten vor, wie am Beispiel der Rohrströmung in Abb. 6.3 erkennbar ist. Dieser ist nur durch die Zweischichtenstruktur der wandnahen turbulenten Strömung zu erklären. Abb. 6.4 zeigt Wandrauheiten, die verschieden stark in die Wandschicht der Dicke δ_w hineinragen und diese.

- kaum beeinflussen: hydraulisch glatte Wand
- stark beeinflussen: rauhe Wand
- weitgehend zerstören: vollrauhe Wand.

Da ein Einfluss der molekularen Viskosität η und damit auch der Reynolds-Zahl (diese wird mit η gebildet, s.Gl. (6.6)) nur über die Vorgänge in der Wandschicht möglich ist, kann z. B. eine Reynolds-Zahl-Abhängigkeit von λ_R für Rohrströmungen nur so lange vorliegen, wie die Wandschicht als solche besteht. Dies erklärt, warum für vollrauhe Wände, bei denen die Wandschicht als solche nicht mehr existiert, keine Reynolds-Zahl-Abhängigkeit vorliegt und damit für das Beispiel der Rohrströmung $\lambda_R = \lambda_R(K_s)$ gilt (grau unterlegter Bereich in Abb. 6.3). Die weiterhin starke Abhängigkeit von der Rauheitshöhe ist Ausdruck der immer stärkeren Erzeugung turbulenter Strukturen für ansteigende Werte der Rauheitshöhe.

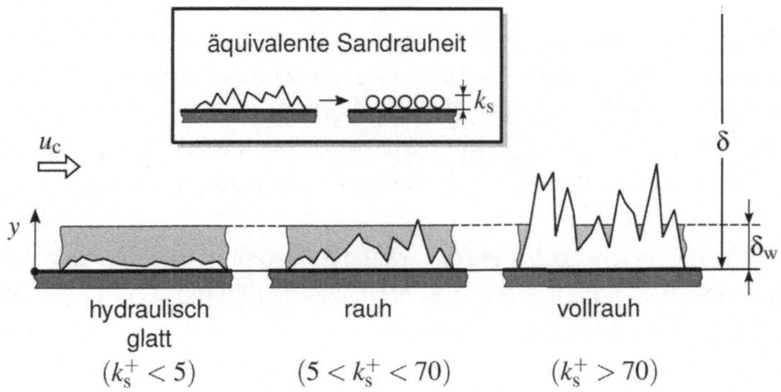

Abb. 6.4 Qualitativ verschiedene Rauheitshöhen an turbulent überströmten Rohrwänden charakterisiert durch die jeweilige äquivalente Sandrauheitshöhe k_s. Für k_s^+ s. die nachfolgende Gl. (6.8)

Diese Überlegungen führen unmittelbar zu der Erkenntnis, dass bei turbulenter Strömung nicht die Rauheitshöhe selbst darüber entscheidet, welcher der drei Fälle in Abb. 6.4 vorliegt. Es ist vielmehr entscheidend, wie groß die Rauheitshöhe im Vergleich zur Dicke der Wandschicht ist!.

Dieser Vergleich wird möglich, wenn die Sandrauheitshöhe k_s der gleichen Transformation unterzogen wird, wie sie in Gl. (6.3) zwischen y und y^+ besteht. Es wird also eine „angepasste Rauheitshöhe"

$$k_s^+ = \frac{k_s\sqrt{\tau_w/\varrho}}{\nu} \tag{6.8}$$

eingeführt. Mit $\delta_w^+ \approx 70$ ergeben sich die Bereichsunterscheidungen in Abb. 6.4 für hydraulisch glatte, rauhe und vollrauhe Wände. Bei hydraulisch glatten Wänden besitzt die Rauheit noch keinen Einfluss, bei rauhen Wänden ist dieser erheblich und bei vollrauhen Wänden ist er so stark, dass die Wandschicht durch die Rauheiten zerstört wird und damit auch der Einfluss der molekularen Viskosität verschwindet. Im Widerstandsgesetz (s. Abb. 6.3) liegt dann kein Einfluss der Reynolds-Zahl mehr vor.

Der Wert $k_s^+ = 5$ als Grenze des hydraulisch glatten Falls ergibt sich, wenn ein bestimmter Rauheitseinfluss als vernachlässigbar akzeptiert wird.

Abschließend gilt es, die Definition der sog. äquivalenten Sandrauheit einzuführen und diese zu erläutern. Es handelt sich dabei um ein Konzept, mit dem man beliebige *technische Rauheiten,* die in ihrer Struktur und im Detailaufbau sehr verschieden sein können, jeweils auf einfache, klar definierte *äquivalente Rauheiten* zurückführt. Als „Vergleichs-Rauheiten" dienen dabei Wände, die homogen und mit maximaler Dichte mit Kugeln vom Durchmesser k_s bestückt sind. Welcher Durchmesser einer bestimmten technischen Rauheit entspricht, muss dann experimentell ermittelt werden. Dazu werden am Beispiel der Durchströmung Rohre mit Sandpapier einer bestimmten Körnung versehen und es wird ermittelt, welche Korngröße zum selben Widerstandsverhalten führt, wie dies bei der technischen Rauheit vorliegt. Dabei entstehen dann sog. *Korrespondenz-Tabellen,* in denen die Zuordnung verschiedener technischer Rauheiten zu den entsprechenden Sandrauheiten ($k_s \triangleq$ Korngröße) verzeichnet ist. Damit wird es möglich, z. B. für Durchströmungen das Diagramm 6.3 in guter Näherung auch für Strömungen durch Rohre mit technischen Rauheiten der unterschiedlichsten Art zu verwenden. Für Details zu diesem Konzept s. z. B. Herwig et al. (2008).

Anmerkung

Das Widerstandsdiagramm 6.3 unterstellt, dass Wandrauheiten bei laminaren Strömungen keinen Einfluss besitzen, weil dort nur eine einzige Kurve auftritt. Tatsächlich wird dies oft so behauptet, entspricht aber nicht der Realität. Auch für laminare Strömungen gibt es einen Anstieg des Widerstandes mit steigender Rauheitshöhe, dieser fällt aber bei laminaren Strömungen deutlich geringer aus als bei turbulenten Strömungen und wird deshalb (fast immer) vernachlässigt. In Gloss, Herwig (2010) finden sich detaillierte Untersuchungen zu diesem Sachverhalt.

Hinweise auf weiterführende Literatur 7

Es dürfte an dieser Stelle nicht verwundern, dass es eine nahezu unbegrenzte Literatur zu den Grundlagen, aber auch zu speziellen Aspekten turbulenter Strömungen und deren Auswirkunken auf verschiedene technische Prozesse gibt. Zur Einführung und Vertiefung in Bezug auf die grundlegenden physikalischen Aspekte der Turbulenz eignen sich „bewährte" Fachbücher, die durchaus bereits Jahrzehnte alt sein können, wie z. B. Hinze (1959), Tennekes und Lumley (1972), oder auch Rotta (2011) als Wiederaufnahme des ursprünglichen Turbulenz-Buches von 1959.

Etwas neueren Datums sind die Bücher Lesieur (1997), Pope (2000) und Davidson (2004) sowie der Übersichtsartikel Sreenivasan (1999).

© Springer Fachmedien Wiesbaden GmbH 2017
H. Herwig, *Turbulente Strömungen*, essentials,
DOI 10.1007/978-3-658-18844-3_7

Was Sie aus diesem *essential* mitnehmen können

- Turbulente Strömungen sind im Detail so komplex, dass ihre genaue Berechnung zwar möglich ist (DNS), technische Anwendungen aber eine Turbulenzmodellierung erfordern, mit der eine Bestimmung der zeitgemittelten Größen gelingt (RANS).
- Ein tragfähiges Konzept zur Modellierung turbulenter Strömungen besteht in der Einführung einer zusätzlichen (scheinbaren) Viskosität, die zur molekularen Viskosität des Fluides hinzutritt und alle auftretenden Turbulenzeffekte in der Strömung näherungsweise erfasst.
- Diese zusätzliche (scheinbare) Viskosität ist entscheidend dadurch charakterisiert, dass Sie an der Wand den Wert Null besitzt und mit größer werdender Entfernung zur Wand stark ansteigt.
- Die entscheidenden Vorgänge bei wandgebundenen turbulenten Strömungen finden in unmittelbarer Wandnähe statt und führen zu einer sog. Zweischichtenstruktur wandnaher Strömungen.
- Der starke Einfluss von Wandrauheiten bei turbulenten Strömungen ist durch die Interaktion der Rauheitselemente mit der Wandschicht anschaulich zu erklären.

© Springer Fachmedien Wiesbaden GmbH 2017   37
H. Herwig, *Turbulente Strömungen,* essentials,
DOI 10.1007/978-3-658-18844-3

Literatur

Davidson, P. A. (2004). *Turbulence – An introduction for scientists and engineers*. Oxford: Oxford University Press.

Gersten, K., & Herwig, H. (1992). *Strömungsmechanik*. Wiesbaden: Springer Fachmedien.

Gloss, D., & Herwig, H. (2010). Wall roughness effects in laminar flows: An often ignored though significant issue. *Exp. Fluids, 49*, 461–470.

Herwig, H. (2014). *Ach, so ist das! – 50 thermofluiddynamische Alltagsphänomene anschaulich und wissenschaftlich erklärt*. Heidelberg: Springer Vieweg.

Herwig, H., & Schmandt, B. (2015). *Strömungsmechanik*. Heidelberg: Springer Vieweg.

Herwig, H., Gloss, D., & Wenterodt, T. (2008). A new approach to understanding and modelling the influence of wall roughness on friction factors for pipe and channel flows. *J. Fluid Mech, 613*, 35–53.

Hinze, J. O. (1959). *Turbulence: An introduction to its mechanism and theory*. New York: McGraw-Hill.

Jin, Y., Uth, M. F., & Herwig, H. (2014). Structure of a turbulent flow through plane channels with smooth and rough walls: An analysis based on high resolution DNS results. *Computers & Fluids, 107*, 77–88.

Lesieur, M. (1997). *Turbulence in fluids*. Dordrecht: Kluwer.

Pope, S. B. (2000). *Turbulent Flows*. Cambridge: Cambridge University Press.

Rotta, J. (2011). *Turbulente Strömungen (Göttinger Klassiker der Strömungsmechanik)*. Göttingen: Universitätsverlag Göttingen.

Schlichting, H., & Gersten, K. (2006). *Grenzschicht-Theorie*. Berlin: Springer.

Sreenivasan, K. R. (1999). Fluid turbulence. Rev Mod. *Physics, 71*, 383–395.

Tennekes, H., & Lumley, L. (1972). *A first course in turbulence*. Cambridge: MIT Press.

© Springer Fachmedien Wiesbaden GmbH 2017

H. Herwig, *Turbulente Strömungen*, essentials,

DOI 10.1007/978-3-658-18844-3